Bibliografische Information der Deutschen Nationalbibliothek:

Die Deutsche Bibliothek verzeichnet diese Publikation in der Deutschen Nationalbibliografie; detaillierte bibliografische Daten sind im Internet über http://dnb.d-nb.de/ abrufbar.

Impressum:

Druck und Bindung: Books on Demand GmbH, Norderstedt Germany
ISBN: 9783346028778

Dieses Buch bei GRIN:

https://www.grin.com/document/499731

Manuel Rothe

Das Konzept der Politischen Ökologie. Der Klimawandel in der Umweltforschung am Beispiel des Aralsees

GRIN Verlag

Modul: Einführung in die Anthropogeographie

Seminar: Einführung in die Anthropogeographie

Wintersemester 2015/2016

Institut für Geographie

Justus-Liebig Universität Gießen

Politische Ökologie

-Dargestellt am Beispiel Aralsee-

Hausarbeit

Verfasst von:

Name:	**Manuel Rothe**

Gießen, 01.02.2016

Inhaltsverzeichnis

1. Einleitung

Mit der wachsenden Globalisierung beschäftigen sich nicht nur Umweltschützer, sondern auch Politik und Wissenschaft mehr und mehr mit den Ursachen und Folgen der weltweit zunehmenden Umweltprobleme.

Das große Streben nach Macht aller wirtschaftlichen Akteure, aber auch der ansteigende Wohlstand und das rasche Wachstum der Bevölkerung ließen die Umwelt nicht unberührt. Luft- und Wasserverschmutzung sowie der Anstieg des Meeresspiegels durch die globale Erderwärmung sind dafür nur einige Beispiele.

Seit den 1970er Jahren wurde mit dem Konzept der nachhaltigen Entwicklung die Mensch-Umwelt-Beziehung, insbesondere der Einfluss politisch-gesellschaftlicher Faktoren auf die Umwelt, genauer unter die Lupe genommen. Die Politische Ökologie entstand somit als Antwort auf eine apolitische Grundidee, da politische Gesichtspunkte damals in diesem Zusammenhang nur sehr wenig bzw. gar nicht berücksichtigt wurden.

Die nachfolgende Arbeit soll dem Leser einen Überblick über das Konzept der „Politischen Ökologie" geben.

Der Begriff soll zunächst definiert werden. Des Weiteren sollen verschiedene Forschungsansätze des Konzeptes aufgezeigt werden, insbesondere der „akteursorientierte Ansatz" sowie die „chain of explanation".

Am Beispiel des Aralsees versuche ich abschließend, die Grundgedanken der Politischen Ökologie zu veranschaulichen.

2. Abstract

The following paper is about environmental problems and their concurrent causes. It deals with the relationship between the humans and the environment. The question comes up if there are some consequences between the human activity like economy, the population growth or the peoples' prosperity and the environmental changes on the earth. The political ecology is not reduced on accepting normal changes in the surrounding world. It is about finding the true reason of the changes in the environment. Therefore the political ecology analyzes the political, the social and the economical factors.

The following report gives the reader an idea about the concept of the political ecology and illustrates what an immense power the human has to change the surroundings in the whole world. Finally the seminar paper will refer to the Aral Sea where it will show up the changes and the causes in this area.

3. Die Politische Ökologie

In den 1970er Jahren -einhergehend mit der sich verschlechternden Umweltsituation weltweit- gewann das Konzept der Politischen Ökologie immer mehr an Bedeutung. Die bis dahin noch vorherrschende apolitische Grundidee wurde mit ihren einseitigen Leitgedanken zur Erklärung des Umweltwandels zunehmend kritisch betrachtet, es wurden Defizite und Widersprüche entdeckt.

Insbesondere in den Politik- und Sozialwissenschaften, sowie in der Ethnologie und Geographie fand das Konzept immer mehr Beachtung. Es ist dementsprechend keine alleinstehende Theorie oder Auslegung, sondern vielmehr ein Sammelbegriff für unterschiedliche Theorieansätze, ein multi- und transdisziplinär gefasster Analyseansatz zur Interpretation von Umweltveränderungen, welcher als Ziel die Erhaltung der natürlichen Ressourcen, wie z.B. Boden und Wasser, hat.

Das Zusammenspiel von politischen, historischen und gesellschaftlichen Faktoren und deren Einfluss auf die Umwelt wurde mit der Politischen Ökologie seit den 1990er Jahren immer genauer analysiert.

Weil dieser Ansatz fächerübergreifend ist, wird die Politische Ökologie auch als Umweltsoziologie, Umweltökonomie oder politisierende Umwelt bezeichnet.

3.1 Definition

Der Begriff Politische Ökologie wird zum gegenwärtigen Zeitpunkt noch nicht einheitlich definiert.

Je nach Wissenschaftsgebiet werden unterschiedliche Schwerpunkte gesetzt, die einen konzentrieren sich in ihrer Definition intensiver auf die politischen und ökonomischen Aspekte, andere hingegen konzentrieren sich stärker auf die ökologischen Standpunkte. Gemeinsamkeit besteht jedoch darin, dass beide Ansätze eine Alternative zur bisherigen apolitischen Ökologie repräsentieren.

Die Hauptvertreter der Politischen Ökologie sind seit der ansteigenden Bedeutsamkeit dieses Konzeptes die angelsächsischen Geographen Piers BLAIKI und Harold BROOKFIELD. Sie formulierten die folgende Definition, welche heute noch Gültigkeit hat:

„The phrase ‚political ecology‘ combines the concerns of ecology and a broadly defined political economy. Together this encompasses the constantly shifting dialectic between society and land-based resources, and also within classes and groups within society itself.“ (BLAIKIE & BROOKFIELD 1987, S.17).

Im deutschsprachigen Raum sind die zentralen Vertreter des Konzeptes Helmut GEIST und der derzeitige Dozent an der Universität in Freiburg namens Prof. Dr. Thomas KRINGS. Letzterer definierte Politische Ökologie wie folgt:

„Unter dem Begriff Politische Ökologie vereinigen sich (...) verschiedene auf das Mensch-Umwelt-Verhältnis bezogene Arbeitsrichtungen vornehmlich in den angelsächsischen Ländern, deren gemeinsamer Nenner die Integration der politischen und historisch-gesellschaftlichen Faktoren in Analysen zu Umweltveränderungen darstellt.“

(KRINGS 1999, S.129).

Nach diesen Definitionen lässt sich herausstellen, dass Umweltveränderungen Folgen unterschiedlicher Faktoren, Interessen und Handlungen sind.

Die Politische Ökologie ist somit ein Konzept, das zur Analyse von Umweltveränderungen die Bestandteile Ökologie, Gesellschaft und Politische Ökonomie mit einbindet. Sie untersucht die reziproke Wirkung von Umwelt auf den Menschen bzw. die Gesellschaft. Hierbei reicht es ihr also nicht aus, die Analyse ausschließlich auf eine Ebene zu beschränken. Das Zusammenspiel zwischen den individuellen, lokalen und übergeordneten Strukturen wie beispielsweise Staat und Weltwirtschaft fließt in die Betrachtung von Umwelt mit ein.

Diese Verbundenheit zwischen den verschiedenen Ebenen zeigt die folgende Grafik von KRINGS deutlich:

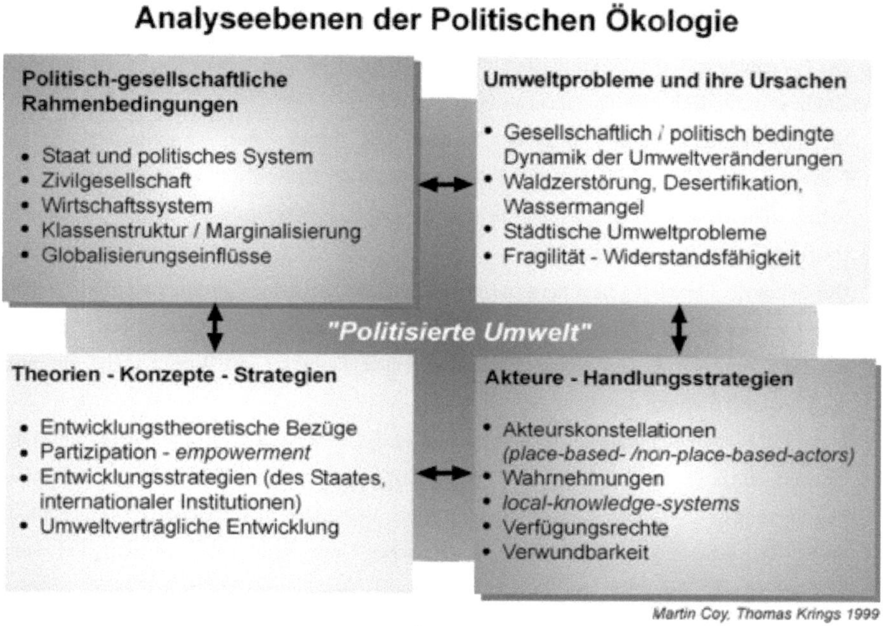

Analyseebenen der Politischen Ökologie

Politisch-gesellschaftliche Rahmenbedingungen

- Staat und politisches System
- Zivilgesellschaft
- Wirtschaftssystem
- Klassenstruktur / Marginalisierung
- Globalisierungseinflüsse

Umweltprobleme und ihre Ursachen

- Gesellschaftlich / politisch bedingte Dynamik der Umweltveränderungen
- Waldzerstörung, Desertifikation, Wassermangel
- Städtische Umweltprobleme
- Fragilität - Widerstandsfähigkeit

"Politisierte Umwelt"

Theorien - Konzepte - Strategien

- Entwicklungstheoretische Bezüge
- Partizipation - *empowerment*
- Entwicklungsstrategien (des Staates, internationaler Institutionen)
- Umweltverträgliche Entwicklung

Akteure - Handlungsstrategien

- Akteurskonstellationen *(place-based- /non-place-based-actors)*
- Wahrnehmungen
- *local-knowledge-systems*
- Verfügungsrechte
- Verwundbarkeit

Martin Coy, Thomas Krings 1999

Abbildung 1: Analyseebenen der Politischen Ökologie, www.uibk.ac.at

3.2 Forschungsansätze

Die Forschungsansätze der Politischen Ökologie werden seit den 1980er Jahren immer weiter und in verschiedene Richtungen entwickelt.

Im Mittelpunkt dieser Analysen stehen bis heute die Umweltprobleme der Entwicklungsländer, allerdings wird mittlerweile auch der Umweltwandel der Schwellen- und Industrieländer auf verschiedenen Ebenen betrachtet. Hierbei gibt es jedoch wesentliche Unterschiede in den Analyseebenen.

Der Fokus der Forschung liegt bei den Entwicklungsländern bei der Aufklärung bzw. Findung der Ursachen von lokalen Umweltveränderungen und -problemen. Diese sind beispielsweise die Zerstörung des Regenwaldes, Dürrekatastrophen, Konflikte um Wasser und Land, aber auch die Überfischung der Weltmeere.

In der Politischen Ökologie der Industriestaaten hingegen wird sich auf allgemeine Fragen der Umweltgerechtigkeit, das heißt auf die Auswirkung von Umweltpolitik auf bestimmte Bevölkerungsgruppen und Regionen, konzentriert. Es werden gesellschaftliche Hintergründe analysiert, insbesondere nach Ursachen städtischer Umweltprobleme geforscht und deren Auswirkungen auf die Bewohner analysiert, so hinterfragt man zum Beispiel Stadtplanungsprozesse oder Verkehrsemissionen.

In der Anwendung der Forschungsansätze treten bei der Untersuchung der Mensch-Umwelt-Beziehung unterschiedliche Methoden in Aktion, so zum Beispiel naturwissenschaftliche Arbeitsmethoden, die Analyse historischer Zusammenhänge oder die Analyse sozio-ökonomischer Eigenschaften.

Zwei Forschungsansätze sind der im Folgenden beschriebene akteursorientierte Ansatz sowie die Chain of Explanation. Oftmals findet man eine Kombination mehrerer Analyseelementen.

3.2.1 Akteursorientierte Ansatz

Der akteursorientierte Ansatz, der von großer Bedeutung in der Politischen Ökologie ist, zielt darauf ab, Umweltveränderungen nicht durch eindimensionale Einflüsse wie z.B. unangemessene Technologie, Überbevölkerung oder falsche Bewirtschaftung zu erklären. Vielmehr wird die Notwendigkeit betont, sich auf die wirtschaftlichen Interessen sowie die politischen Entscheidungen und Machtstrukturen bestimmter Akteurstypen bzw. einflussreicher Gruppen zu konzentrieren und diese zu untersuchen.

Diese mitwirkenden Körperschaften können einen großen Einfluss auf eine Region haben, da sie Umweltakteure zugleich sind. Aus diesem Grund müssen auch soziale Spannungen und Ungleichheiten im Hinblick darauf analysiert werden. Es können individuelle, aber auch institutionelle Akteure sein, in jedem Fall besitzen sie einen mächtigen wirtschaftlichen Einfluss, da sie in den meisten Fällen den Ressourcenzugang als vornehmliches Ziel anstreben. Um politisch-ökologische Konflikte zu verstehen, werden vor allem ungleiche Machtbeziehungen analysiert.

Man unterteilt die Akteure in *place-based-actors* und *non-placed-based-actors*, je nach räumlicher Betrachtungsebene.

„Placed-based-actors" sind lokale Akteure, wie beispielsweise Ureinwohner, regionale Bauern oder andere staatliche Akteure. Sie leben in dieser bestimmten Region und sind dem Umweltwandel mit dessen Konflikten direkt und dauerhaft ausgesetzt, da sie die örtlichen Ressourcen nutzen.

„Non-placed-based-actors" sind nationale und internationale Akteure, welche nicht vor Ort leben und somit auch den Umweltproblemen nicht direkt unterlegen sind. Bei diesen Personengruppen handelt es sich um Mitarbeiter und Entscheidungsträger von internationalen Institutionen, Konzernen oder Großunternehmen, welche direkt in die Prozesse der jeweiligen Gebiete eingreifen.

Während place-based-actors, wie z.B. Fischer oder Landwirte, die Auswirkungen auf ihre Lebensweise direkt spüren und diese somit anpassen müssen, haben non-placed-based-actors durch ihre politische Machtstruktur einen globalen Einfluss auf die Region. Durch diese Macht und den daraus folglich besseren Zugang zu natürlichen Ressourcen werden globale Finanztransfers, wirtschaftliche Aktivitäten und lokale bzw. nationale Gesetzgebung stark beeinflusst. Da die Handlungen dieser Akteure nur nach Gewinnmaximierung und wirtschaftlichem Wachstum streben (Bryant & Bailey 1997), wird auch keine Rücksicht auf die Umwelt genommen. Außerdem kommt es durch diese unterschiedlichen

Machtverhältnisse und Zielsetzungen zusätzlich zu einer Benachteiligung, was zu Meinungsverschiedenheiten und somit Konflikten zwischen den unterschiedlichen Gruppen führt.

Die Politische Ökologie beschränkt sich somit nicht nur auf eine Sichtweise, man praktiziert vielmehr eine Mehrebenenanalyse, in der alle an dem Prozess beteiligten Akteure berücksichtigt und untersucht werden.

Schlussendlich liegt das Augenmerk des akteursorientierten Ansatzes weniger auf der Mensch-Umwelt-Beziehung, sondern vielmehr auf der Mensch-Mensch-Beziehung, jedoch immer noch mit dem Blickwinkel auf die Umwelt.

Diese Mehrebenenanalyse mit den verschiedenen Ebenen und Akteuren wird in der folgenden Grafik von KRINGS verdeutlicht:

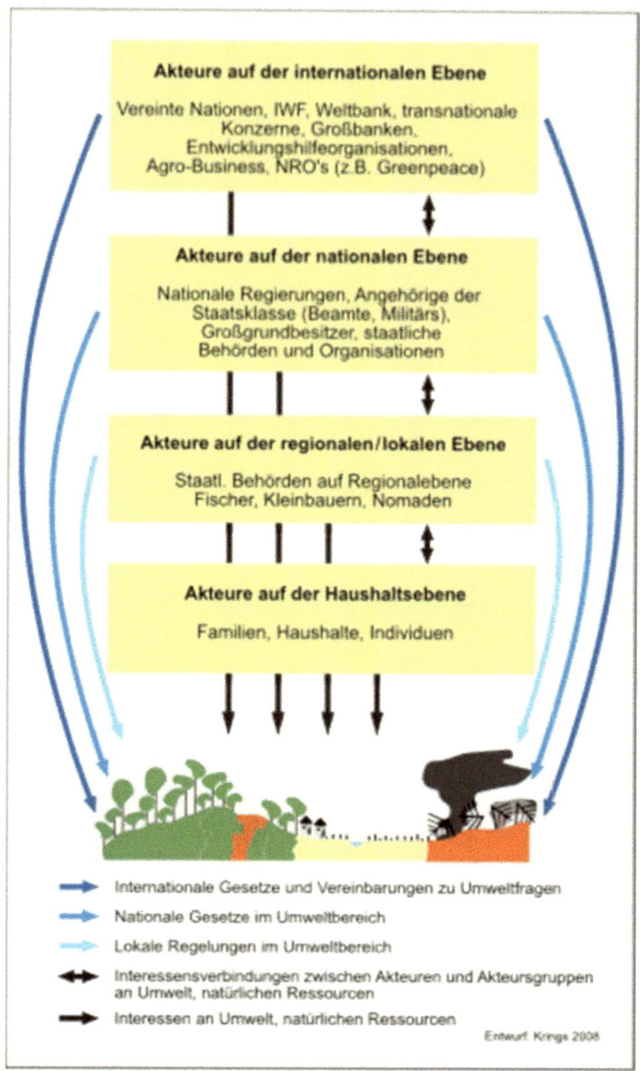

Abbildung 2: Mehrebenenanalyse der „Third World Political Ecology": Umweltveränderungen an einem Ort oder in einer Region werden durch Akteure und Organisationen auf verschiedenen geographischen Maßstabsebenen beeinflusst. Krings (2008)

3.2.2 Chain of Explanation

Die „Chain of Explanation", auch explanation chains genannt, ist eine Erklärungskette über mehrere Betrachtungsebenen zur Findung von ökologischen Problemen und Veränderungen. Sie kommt vor allem in den Entwicklungsländern zum Einsatz, da dort mehrere einflussreiche Akteure die verschiedenen Prozesse beeinflussen und somit die Umwelt verändern. Armut gilt als eine der Hauptursachen von Umweltzerstörung in diesen Gebieten, sie wird jedoch in der Politischen Ökologie nicht als isoliertes Phänomen betrachtet. Durch eine differenzierte Betrachtung von gesellschaftlichen Beziehungen und politischen Strukturen wird mithilfe einer Erklärungskette untersucht, welche Einflüsse zu einer Benachteiligung bzw. Einschränkung der Umwelt führten.

„Umweltzerstörung [ist] in ein komplexes Wirkungsgefüge ökologischer, sozioökonomischer Prozesse eingebunden, in dem sowohl horizontale - zwischen einzelnen Sektoren und gesellschaftlichen Bereichen - als auch vertikale Vernetzungen - zwischen lokaler, regionaler, nationaler und globaler Ebene - bestehen."

(NEUBURGER 2002, S.19)

In der Erklärungskette wird ein spezielles Umweltproblem betrachtet, wobei verschiedene geographische Skalen und sozio-ökonomische Hierarchien (Person, Haushalt, Dorf, Region, Staat, Welt) mit einbezogen und analysiert werden (BLAIKIE 1999, S.132). Auf der lokalen, nationalen und globalen Ebene werden die Zusammenhänge und Wechselwirkungen untersucht, sodass Umweltprobleme nicht isoliert an einem Ort betrachtet werden.

Zusammenfassend lässt sich sagen, dass alle räumlichen Maßstabsebenen vom Individuum bis hin zur globalen Ebene mit allen am Gebiet indirekt oder direkt teilhabenden Akteure analysiert werden. Folgend eine Grafik von KRINGS, die die verschiedenen Ebenen zur Analyse nochmals verdeutlicht:

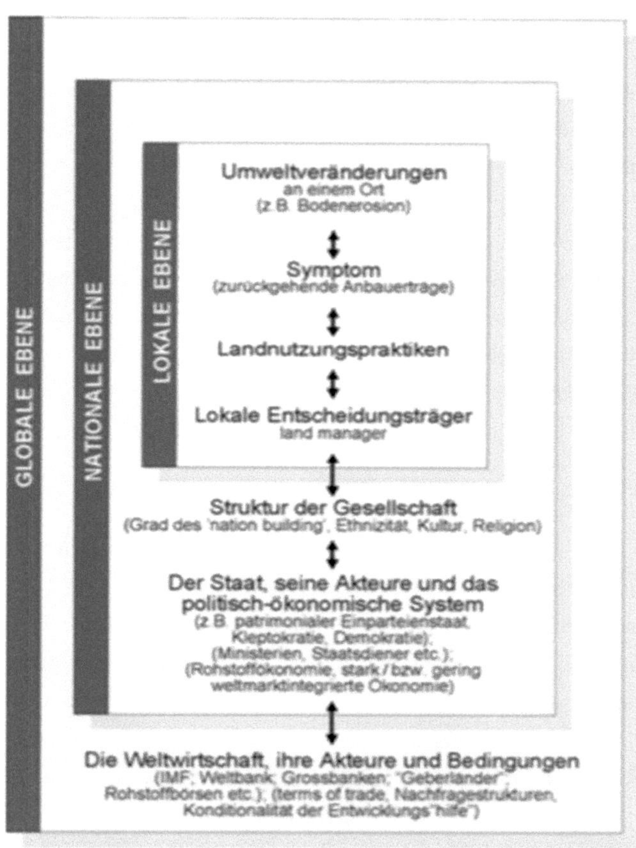

Abbildung 3: Die Erklärungskette (explanation chain) als methodisches Konzept der politisch-ökologischen Analyse. Krings (2000)

4. Fallbeispiel Aralsee

Die Politische Ökologie mit ihren polydimensionalen Ansätzen eignet sich zur Analyse einer entwicklungsbedürftigen Region. Es werden politische Zusammenhänge und Prozesse untersucht, die aufgrund bestimmter Machteinflüsse mehr oder minder zur Umweltzerstörung beitragen.

Ein aktuelles Thema in den politisch-ökologischen Ansätzen ist die Nutzung und der Konflikt von Boden und Wasser, was sich am Beispiel des Aralsee gut darstellen lässt. So wird untersucht, inwiefern die Baumwollproduktion und andere politisch-wirtschaftliche Aktivitäten mit der Übernutzung der Wasserressourcen und somit der Schrumpfung des Aralsees in Verbindung stehen.

4.1. Allgemeine Daten und Fakten

Der Aralsee liegt im mittelasiatischen Raum an der Grenze zwischen Kasachstan und Usbekistan und war 1960 der viertgrößte Binnensee der Welt.

In den vergangenen Jahrzehnten hat der abflusslose Salzsee jedoch trotz der zwei großen Zuflüsse Amu-Darja und Syr-Darja immer mehr an Wasser verloren. Das Klima in der Aralsee-Region ist arid bis semiarid, die Niederschlagsmenge liegt bei ca. 100mm pro Jahr, wobei die Niederschlagsverteilung sehr unregelmäßig ist. Der Aralsee ist großen Temperaturschwankungen ausgesetzt, von Minusgraden im Winter bis zu ca. 26° Celsius im Sommer.

Abbildung 4: Aralsee. www.welt.de

Analysiert man die Daten zwischen 1960 und heute, wird die zunehmende Verlandung des Aralsees deutlich.

Lag die Gesamtfläche des großen Salzsees früher noch bei ca. 68.000 km², so liegt sie heute nur noch bei 13.900 km². Somit hat sich auch das Volumen des Binnensees stark verändert. Von ca. 1.056 km³ schrumpfte der See auf unter 100 km³. Der Wasserspiegel sank in Folge dessen von ca. 53 m im Jahre 1960 auf derzeit ca. 30 m. während der Salzgehalt sich stark erhöhte. Früher lag dieser bei ca. 10 g/L, heute liegt er mit einer Verfünffachung bei ca. 50g/L.

Die Veränderungen des Aralsees belegen die Jahresabschnittsfotos zwischen 1979 und 2014:

Abbildung 5: Die Zeitenfolge 1979 - 2000 - 2014 macht deutlich: Der Aralsee schrumpft rasant. www.kurier.at

4.2. Ursachen und Folgen

Die Ursachen dieser Umweltveränderungen sind einerseits auf die klimatischen, andererseits auf die hydrologischen Bedingungen zurückzuführen.

Betrachtet man die Niederschlagsmenge von nur 20mm pro Monat, so wird deutlich, dass die schwachen Wolkenbrüche die Verdunstung des Binnensees, die durch die niedrige Wolkenbedeckung und die daraus folgende Sonneneinstrahlung sehr stark ist, nicht aufhalten können.

Das Niederschlagsdefizit in der Region ist jedoch nicht die Hauptursache für die Verlandung des Aralsees: Überwiegend menschliche Eingriffe lassen den Aralsee immer weiter austrocknen.

Durch den Machteinfluss bzw. der Inanspruchnahme von Land durch die ehemalige Sowjetunion und dem damit verbundenen Bau von riesigen Bewässerungsanlagen für Baumwollplantagen, wurde der Zustrom in den Aralsee fast komplett gestoppt. Dieses Großprojekt erforderte die Umleitung großer Wassermengen aus den beiden Zuflüssen Amu-Darja und Syr-Darja und es kam zu folgeschweren Veränderungen in der Wasserversorgung des Binnensees. Die Maßnahmen zur Industrie- Landwirtschaftsgewinnung bewirkten, dass der Zufluss Syr-Darja den Salzsee gar nicht mehr, der Amu-Darja nur noch mit maximal 10% seiner früheren Wassermenge erreichte, was die folgende Grafik erkennen lässt:

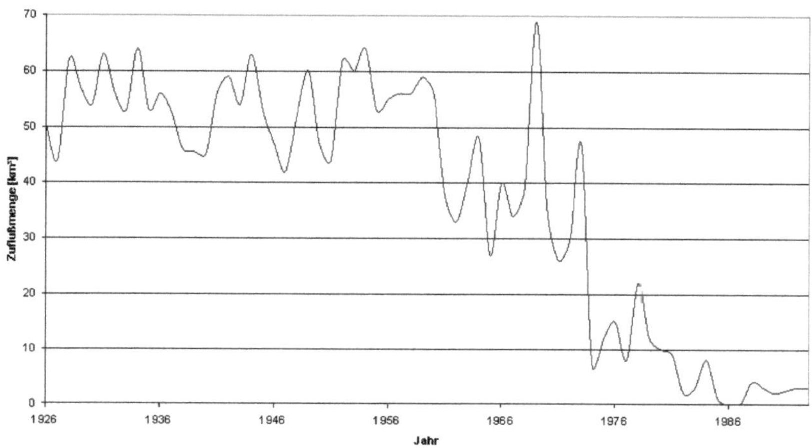

Abbildung 6: Die Zutrittsmengen vom Amu-Darja und Syr-Darja in den Aralsee (1926-1993). www.tu-freiberg.de

Die Verlandung des Aralsees hat einige erhebliche ökologische sowie sozioökonomische Folgen.
Zum einen bedroht der steigende Salzgehalt das Trinkwasser der örtlichen Bevölkerung und schmälert die Ernten, zum anderen kommt es zu schwerwiegenden gesundheitlichen Folgen bis hin zu Missbildungen der Bewohner des Aralsee-Gebietes.
Darüber hinaus gibt es durch die starken Nordost-Winde so genannte Staubstürme, die den trockenen Salzboden des Aralsees aufwirbeln und über hunderte Kilometer weiter transportieren, was globale gesundheitliche Folgen mit sich bringt. Weitere Konsequenzen sind schlechte soziale Lebensbedingungen, Verseuchung von Nahrungsmitteln, Existenzverlust vieler Fischereibetriebe und das Aussterben zahlreicher Tierarten.
Der Aralsee und seine Umgebung sind auch aus biologischer Sicht nahezu tot.

4.3. Bezug zur Politischen Ökologie

Analysiert man den Aralsee und dessen Umweltveränderungen nun mittels der Politischen Ökologie, ist festzustellen, dass ein nicht zu verleugnender Zusammenhang zwischen den sozialen, politischen und ökonomischen Prozessen in der Aralsee-Region besteht.

Durch das Großprojekt mit riesigen Baumwollplantagen und der damit einhergehenden Einflussnahme der damaligen Sowjetunion kam es zu lokalen Konflikten. Die zahlreichen Plantagen haben durch politische Prozesse große wirtschaftliche Gewinne abgeworfen, wodurch jedoch auch auf internationaler Ebene Konflikte zwischen einzelnen Unternehmen und Personen entstanden. Diese verschiedenen Prozesse begünstigten als Folge soziale Spannungen und Ungleichheiten sowie die genannten Umweltprobleme.

Die Politische Ökologie betrachtet mit Hilfe der bereits beschriebenen Mehrebenenanalyse bzw. Erklärungskette die einzelnen Akteure und deren Einfluss auf das Gebiet des Aralsees.

Sie betrachtet die Aktionen der Akteure auf der internationalen Ebene (z.B. die Konzerne der Sowjetunion) sowie die der Akteure auf der nationalen Ebene (z.B. die Regierung von Usbekistan). Dies wird vor allem in der Vermarktung deutlich, zum Beispiel bei den Bewässerungsprojekten und der Privatisierung des Landes. Weiterhin vergleicht sie Handlungen der non-placed-based-actors mit denen der placed-based-actors, also den Akteuren der regionalen bzw. lokalen Ebene (z.B. die Fischer und Kleinbauern der Aralsee-Region). Dadurch, dass die Bauern keine bzw. nur sehr geringe Mitbestimmungsrechte haben, kommt es zur Beeinträchtigung von Ressourcen, wie z.B. Wasser. Außerdem ist es auf lokaler Ebene zum Kanalbau und Pestizideinsatz gekommen. Gegebenenfalls kann man dies sogar noch auf die Akteure der Haushaltsebene, das heißt also auf einzelne Familien und Individuen, beziehen.

Folglich untersucht die Politische Ökologie die Interessensverbindungen der einzelnen Akteursgruppen sowohl in der Aralsee-Region als auch an den natürlichen Ressourcen, zum Beispiel an dem dortigen nährstoffreichen Boden und dem Wasser der Zuflüsse.

Demgegenüber werden die lokalen, nationalen und internationalen Gesetze im Umweltbereich gestellt.

Basierend auf einem solchen Untersuchungsmodell, versucht die Politische Ökologie die sozialen Ungleichheiten, beispielsweise existenzielle Folgen wie Arbeitslosigkeit und das Verlassen des eigentlichen Wohnraums in dem Aralsee-Gebiet, sowie die Ressourcengerechtigkeit und die politisch-ökonomischen Prozesse zu erklären.

Im Anschluss setzt die Politische Ökologie diese Vorgänge in Relation zu den Umweltveränderungen und versucht die Folgen und Probleme der Region, wie zum Beispiel das Fischsterben und die gesundheitlichen Auswirkungen, zu analysieren.
Lösungsansätze gestalten sich als schwierig, da das Verlangen der Akteure nach wirtschaftlicher Macht sehr stark ist und die Rettung des Aralsees hohe finanzielle Mittel in Anspruch nehmen würde. Folglich interessiert der Bau des kostspieligen Kokaral-Staudamms als eine mögliche Rettungsmaßnahme kaum jemanden, zumal dieser nur einen Teil des verbliebenen Salzsees rettet.

5. Fazit

Die Politische Ökologie entwickelt sich mit Beginn der 1970er Jahre durch die Grundidee, dass Umweltprobleme nicht apolitisch erklärt werden können.

Das Konzept der Politischen Ökologie konzentriert sich auf mehrere Ebenen und Prozesse der Analyse von Umweltveränderungen und ihrer Wirkung auf den Menschen. Sie ist somit kein isolierter, sondern ein multi- und transdisziplinärer Ansatz der Umweltforschung. Die Konzeption hat sich heutzutage zu einem wichtigen Forschungsfeld in der Geographie, aber auch in der Politik und Wissenschaft, entwickelt.

Analysiert man Umweltprobleme politisch-ökologisch, ergibt sich, dass hierbei immer Machtstrukturen mehrerer Akteure eine entscheidende Rolle spielen.

Einflussreiche Akteure, wie z.B. internationale Konzerne oder Organisationen nutzen natürliche Ressourcen so stark aus, dass Konflikte auf lokaler bzw. regionaler Ebene entstehen müssen. Es geht also nicht mehr um Umweltgerechtigkeit, sondern vielmehr um das Bestreben nach Ausbeutung natürlicher Ressourcen und deren unfaire Verteilung sowie Privatisierung.

Der Aralsee mit seinen Bewässerungsprojekten ist ein Beispiel für lokale Umweltveränderung mit weltweiten Konsequenzen.

Die Vermarktung und Privatisierung der Wasser- oder Elektrizitätsversorgung, die Erdölförderung in Nigeria und auch die Energiepolitik in Europa, die mit Palm- und Sojaöl zur Regenwaldzerstörung in Brasilien und Indonesien beiträgt, wären nur ein paar wenige weitere Beispiele von Umweltzerstörungen durch weltwirtschaftliche Akteure.

Ein lokales Ereignis, welches ein globales Interesse besitzt, hat somit auch eine globale Auswirkung.

Wieder lässt sich das am Beispiel des Aralsees belegen: Die Baumwollgewinnung, infolgedessen die Versalzung des Bodens der Aralsee-Region und wiederum die globale Luftströmung haben für Menschen in anderen Teilen der Erde gesundheitliche Folgen.

Der politische und ökologische Eingriff in die Aralsee-Region war mit großen sozialen und ökologischen Konsequenzen verbunden, die jedoch aufgrund von Machtbegierde auch in Kauf genommen wurden.

Eine solche Auslegung signalisiert, dass der Mensch einen messbaren Einfluss auf das Klima hat und somit der Mitverursacher des globalen Wandels ist.

Die Industriestaaten haben ihre wirtschaftliche Stärke mit Hilfe und zum Nachteil von Entwicklungsländern aufgebaut und werden dies wohl weiterhin tun. Wir in den Industriestaaten leben somit auf Kosten von unterentwickelten Ländern.

„Macht, Verfügungsrechte und der Kampf um Einfluss führen zu einer Umwelt als ‚Schlachtfeld unterschiedlicher Interessen'"

(KRINGS 1999, S.130)

Eine Analyse von Umweltveränderung im Sinne der Politischen Ökologie beruht auf einer Betrachtungsweise, die kausale Zusammenhänge beschreibt und erklärt. Sie betrachtet nicht eine Ebene, sondern analysiert die Macht und den Einfluss aller globalen Akteure, sie sucht nach den Verantwortlichen und die dadurch in Kauf genommenen lokalen und globalen Gesellschafts- bzw. Umweltveränderungen, hoffentlich auch um in Folge Lösungen im Sinne eines verantwortungsvolleren Umgangs mit unserer (Um-)Welt finden zu können.

6. Quellenverzeichnis

6.1. Literaturverzeichnis

- BLAIKIE, P. & BROOKFIELD, H. (1987): Land degradation and Society. (Routledge) London.
- BLAIKIE, P. (1999) A review of political ecology. Issues, epistemology and analytical narratives. In: Zeitschrift für Wirtschaftsgeographie Jg. 43, (3-4)
- BRYANT, R. & BAILEY, S. (1997): Third World Political ecology. (Routledge) New York.
- HARTWIG, J. (2007): Die Vermarktung der Taiga: Die politische Ökologie der Nutzung von Nicht-Holz-Waldprodukten und Bodenschätzen in der Mongolei. (Franz Steiner Verlag) Stuttgart.
- KRINGS, T. (1999): Ziele und Forschungsfragen der Politischen Ökologie. In: Zeitschrift für Wirtschaftsgeographie Jg. 43, (3-4)
- KRINGS, T. (2000): Das politisch-ökologische Analysekonzept in der Umweltforschung - dargestellt am Beispiel der städtischen Brennstoffversorgung in Dhakar (Senegal). In: Geographische Rundschau, Jg. 11, (56-59)
- KRINGS T. (2008): Politische Ökologie. In: Geographische Rundschau, Heft 12
- LETOLLE, R. & MAINGUET, M. (1996): Der Aralsee: Eine ökologische Katastrophe. Übersetzt von Matthias Reichmuth. (Springer-Verlag) Berlin.
- NEUBURGER (2002): Pionierfrontentwicklung im Hinterland von Cáceres (Mato Grosso, Brasilien). Ökologische Degradierung, Verwundbarkeit und kleinbäuerliche Überlebensstrategien. In: Tübinger Beiträge zur Geographischen Lateinamerika-Forschung.

6.2. Reine Internetquellen

- N-TV.DE (2014) Aralsee nahezu vollständig ausgetrocknet. Abrufbar unter: http://www.n-tv.de/wissen/Aralsee-nahezu-vollstaendig-ausgetrocknet-article13705466.html (Stand: 15.01.2016)
- SCINEXX.DE (1999): Der Aralsee. Abrufbar unter: http://www.scinexx.de/dossier-detail-55-4.html (Stand: 15.01.2016)
- PENNIG, L & Uhlenbrock, K. (2012): Infoblatt Aralsee. Abrufbar unter: https://www.klett.de/alias/1006578 (Stand: 15.01.2016)
- SYNOTT, M. (2015): Wie aus dem Aralsee eine Salzwüste wurde. Abrufbar unter: http://www.welt.de/wissenschaft/umwelt/article142448033/Wie-aus-dem-Aralsee-eine-Salzwueste-wurde.html (Stand: 15.01.2016)
- UNIVERSITÄT FREIBERG (2002): Der Aralsee. Abrufbar unter: http://www.geo.tu-freiberg.de/hydro/aral/aral_de/index.htm (Stand: 15.01.2016)
- UNIVERSITÄT FREIBURG (2011): Politische Ökologie. Abrufbar unter: https://www.geographie.uni-freiburg.de/ikg/forsch/Poloeko (Stand: 15.01.2016)

6.3. Abbildungsverzeichnis

Abbildung 5: PETERNEL, E. (2014): Die Zeitenfolge 1979 – 2000 – 2014 macht deutlich: Der Aralsee schrumpft rasant. Abrufbar unter: http://kurier.at/politik/weltchronik/nasa-bilder-der-aralsee-verschwindet-langsam/88.445.519, Stand: 10.01.2016

Abbildung 6: LETOLLE, R. & MAINGUET, M. (2002): Die Zutrittsmengen vom Amu-Darja und Syr-Darja in den Aralsee (1926-1993): Abrufbar unter http://www.geo.tu-freiberg.de/hydro/aral/aral_de/favorite.htm, Stand: 10.01.2016